只要雄鱼

Males Only

Gunter Pauli

冈特·鲍利 著

李康民 译 李佩珍 校

学林出版社

特别感谢以下热心人士对译稿润色工作的支持：

高　青　余　嘉　郦　红　冯树丹　张延明　彭一良

王卫东　杨　翔　刘世伟　郭　阳　冯　宁　廖　颖

阎　洁　史云锋　李欢欢　王菁菁　梅斯勒　吴　静

刘　茜　阮梦瑶　张　英　黄慧珍　牛一力　隋淑光

严　岷

目 录

故 事

故事探索

教师与家长指南

CONTENT

Fable

Exploring the Fable

Teachers' and Parents' Guide

在一个拥挤不堪的池塘里，成千上万条幼鱼（鱼苗）正在游来游去。几个穿白大褂的人走到池塘边，雌鱼立刻开始尖叫起来：

Thousands of young fish, called fry (fingerlings) are swimming in an overpopulated pond. A few human men in white clothes approach the pond. All at once, the female fish start screaming:

几个穿白大褂的人走到池塘边……

A few human men in white clothes approach the pond...

快！咱们快藏起来！

Come on, let us hide!

“快！咱们快藏起来！”

“发生什么事了？”雌鱼的兄弟们问。

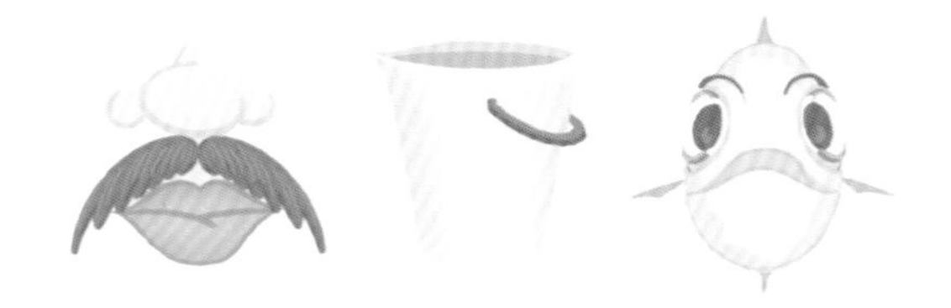

“Come on, let us hide!”

“What is this all about?” their brothers ask.

“他们要向水里喷洒雄性激素！”姐妹们答道。

“雄……？那是什么？听起来好像一部恐怖电影噢！”

“没错，那是很可怕的东西。”

“可是，它们到底是什么呢？”池塘里的雄鱼不耐烦地问道。

“They are going to spray hormones into our water!” the sisters respond.

“Hor... ? What is that? It sounds like a horror movie!”

“Yes these are horrifying things.”

“But, what are they?” the males in the pond ask impatiently.

听起来好像一部恐怖电影噢！

It sounds like a horror movie!

到了一定年龄，男孩会长胡须

At a certain age, boys get a beard

“是这样的，当男孩子慢慢长大，到了一定年龄，他们会长胡须。那是因为他们身体里开始产生雄性激素。但女性产生的激素和男性不一样。”

“原来如此，那么穿白大褂的人给我们激素有什么问题呢？”

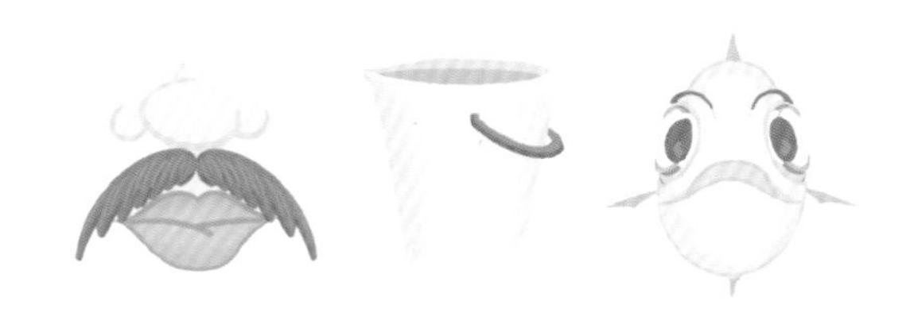

“Well, when boys are growing up, at a certain age, they get a beard. That is because they are producing male hormones. But females have different hormones.”

“Sure, and what is wrong with men in white giving us hormones?”

“他们只给我们雄性激素。假如我们是人类的女孩，那意味着我们也会长胡须！”

“哈哈哈，女孩长胡须，好好笑！那样她们就不再是女孩了。”

“说的对！我们不是在歇斯底里地乱叫，这关系到我们的生死存亡。”

“你的意思是这些穿白大褂的人把激素放进水里让你们变成雄鱼？”

“没错！”

“They only give male hormones. If we were human girls, that would mean we would grow beards!”

“Ha ha ha, girls with beards, that is funny, they wouldn’t be girls anymore.”

“Exactly! We are not screaming out of hysteria, this is survival for us.”

“Do you mean that these men in white put hormones into the water that make you male?”

“Exactly!”

哈哈哈，女孩长胡须！

Ha ha ha, girls with beards!

那是因为他们不想让我们产卵和生小宝宝！

That is because they do not want our eggs and babies!

“为什么他们要做这样的蠢事？要是在这个拥挤的池塘里只有雄鱼，那就一点都不好玩了。”

“那是因为他们不想要我们产卵和生小宝宝！”

“不生小宝宝？假如没有后代的话，我们怎么能一直繁衍下去呢？”

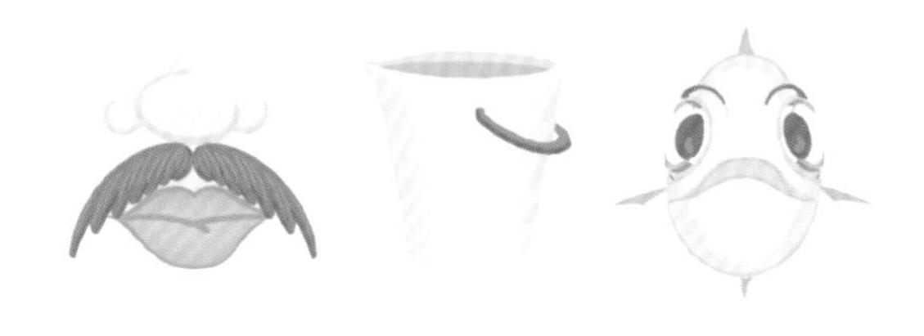

“Why would they want to do such a stupid thing? It would not be fun to only have males in this overcrowded pond.”

“That is because they do not want our eggs and babies!”

“No more babies. But how can we ever survive if we cannot have any offspring?”

“人类养鱼只是为了给他们提供食物。因为我们雌鱼产卵需要能量，而且孵卵需要时间，花同样的成本雌鱼产的肉就少。”

“Humans only want to produce food for mankind. Since we need energy to make eggs and time to hatch them, we females produce less meat for the same cost.”

花同样的成本我们雌鱼产的肉就少

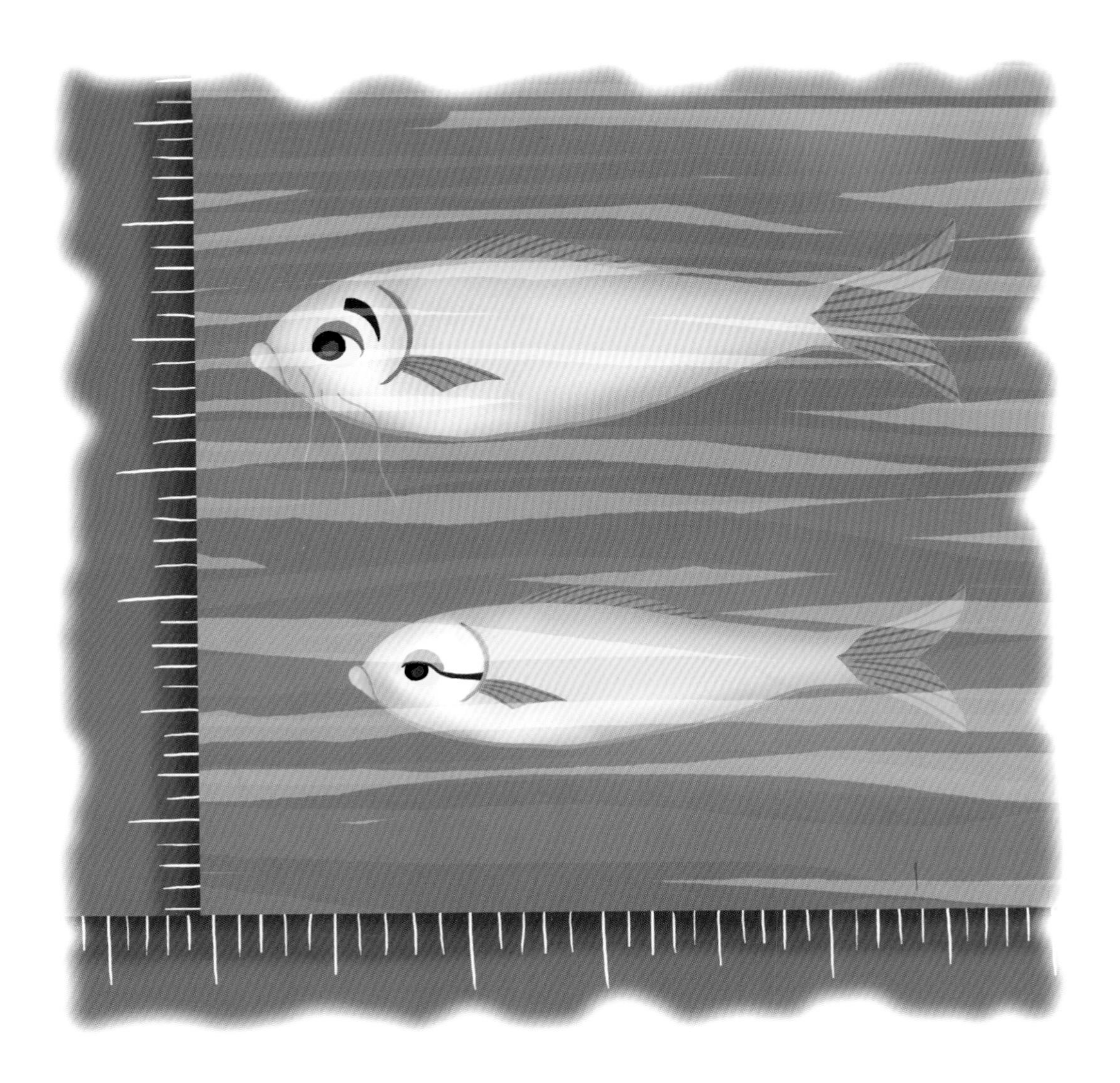

We females produce less meat
for the same cost

穿白大褂的人就不得不添加

抗生素……

The men in white will have to

add antibiotics...

“但是如果一个池塘里雄鱼泛滥会发生什么事呢？”

“假如池塘里只有雄鱼，那些穿白大褂的人就不得不添加抗生素来防止雄鱼生病。”

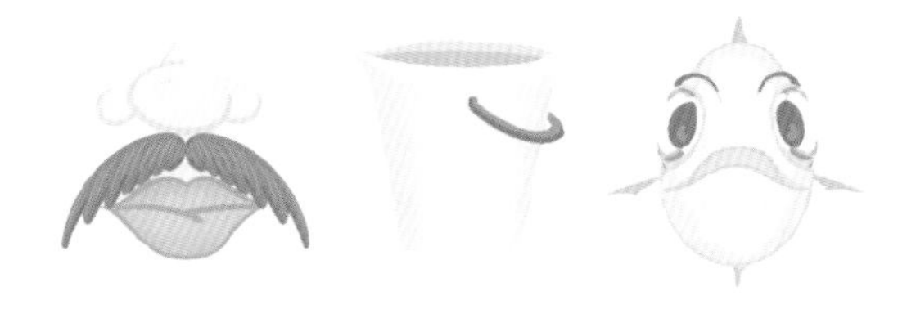

“But what happens to a pond that is overflowing with males?”

“If there are only males in the pond, then the same men in white will have to add antibiotics to keep illnesses away.”

“但究竟有谁要吃这种充满激素和抗生素的食物呢？听起来一点也不好吃！我不明白，难道那些穿白大褂的人愿意生活在一个女人长胡须，而且男人和女人都经常生病的世界里吗？”

……这仅仅是开始！……

“But who on Earth wants to eat food full of hormones and antibiotics? This does not sound tasty! I wonder if the men in white would like to live in a world where women grow beards and men and women alike get sick often?”

... AND IT HAS ONLY JUST BEGUN! ...

……这仅仅是开始！……

... AND IT HAS ONLY JUST BEGUN! ...

你知道吗？

DID YOU KNOW THAT...

甲基睾丸素是主要的雄性激素，负责产生典型的雄性特征：声音低沉、长出胡须、有大块肌肉。雌激素是主要的雌性激素，负责产生雌性特征：声音尖细、脸部没有胡须、一般肌肉也比较小（相较于男性）。

雄性激素促使雄性产生第二性征，比如增加大块肌肉和骨密度。

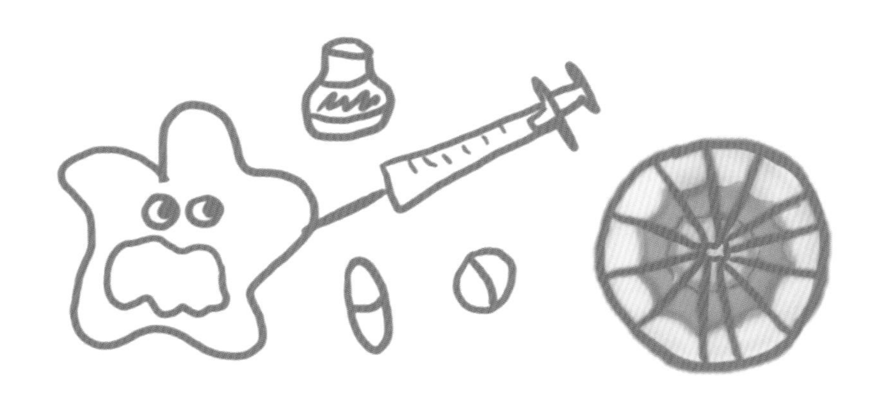

抗生素是一种化学物质，可以抑制大多数微生物生长，包括病原微生物和非致病的微生物。第一个抗生素是青霉素，是从特异青霉菌中提炼出来的，由苏格兰人亚历山大·弗莱明在 1929 年发现。

太多抗生素（或太频繁使用抗生素）会造成我们免疫系统的天然抵抗能力变得脆弱。

罗非鱼、鳟鱼和三文鱼是人类食用的最普遍的养殖鱼类，也是最常接受过量激素而改变性别的鱼类。出生后 5 天它们的饲料里就开始添加激素了。

TBT（三丁基锡）是一种有毒的涂在船体外壳的油漆。当它与海洋和海洋生物接触时，就成了一种污染物。TBT 会引起牡蛎外壳变形，并抑制牡蛎生长。它也会使多色雌螺变为雄螺，使该品种无法繁殖。

想一想 THINK ABOUT IT...

你觉得那些鱼苗看到穿白大褂的人向水里倾倒激素会感到非常害怕吗?

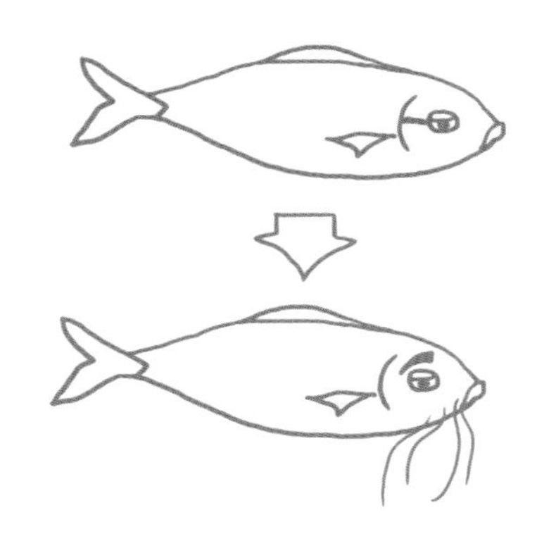

你认为为了生产更多的肉去改变动物的性别，这样做好吗?

你认为一个池塘里只有雄鱼这样好吗?

当鱼苗意识到因为激素它们将来不再能生儿育女时，它们会怎么想？它们会难过吗?

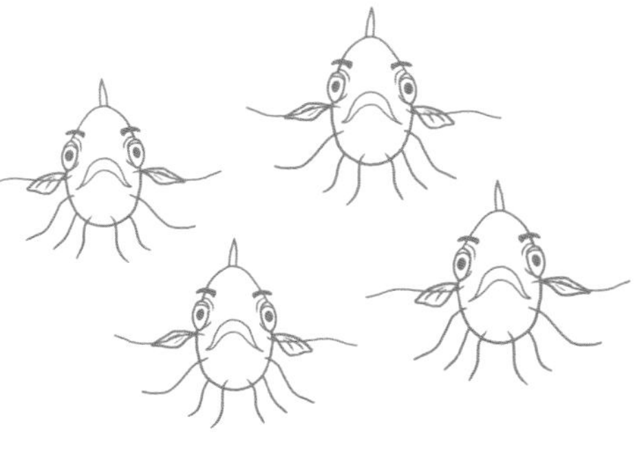

自己动手！DO IT YOURSELF!

仔细研究一个鱼类养殖系统，看鱼是否经过激素处理，了解鱼儿如何繁殖，繁殖周期多长，以及如何分辨雄鱼和雌鱼。

学科知识

Academic Knowledge

生物学	(1)男性和女性的不同激素。(2)自然界的卫生系统。(3)在水的不同营养层养鱼。(4)引进遗传改良的罗非鱼品种。
化　学	(1)适合害虫生长的非自然系统形成后，就需要抗生素。(2) 激素会引起生化反应，如性反转等。
工程学	(1)食物生产系统中生物技术的毁灭性影响。(2)不用激素和抗生素，通过鱼类混养的综合养殖方式。
经济学	(1)质量低的食物价格低。(2)盲目追求核心产业的生产率导致对自然系统的操控。(3)核心产业与系统生产。
伦理学	依靠操控自然来提高生产率和提供低质量的食物。
历　史	在中国，综合养鱼已有2000多年的历史，其总体的蛋白质生产能力是单一核心产业方式的数倍。
地　理	如何把沼泽转化成多产的养鱼场。
生活方式	(1)食用经激素处理和使用抗生素生产的食物。(2)通过引入鸡、三文鱼、罗非鱼等单一饲养生物寻求食品安全。
社会学	外表和脸部光洁的重要性。
心理学	歇斯底里现象。
系统论	通过大自然五个王国中众多物种的共同努力，自然系统能产出营养物质和能源。

情感智慧
Emotional Intelligence

雄性幼鱼

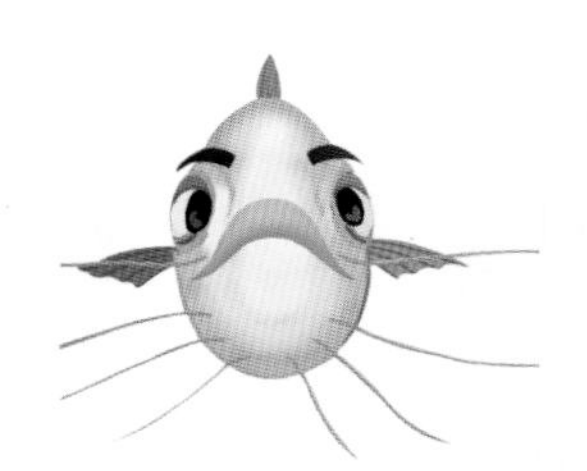

雄性幼鱼不知道激素是什么东西，也不知道为什么要把这些东西加进鱼池。为了了解面临的困境，他们必须与姐妹们一起经历这一歇斯底里的阶段。雄性幼鱼一开始觉得很有趣，开开玩笑，但这样做并没有遏制住其姐妹的焦虑，减轻她们的压力。雄性幼鱼感知到了姐妹们面临的问题，但没有真正改变他们的态度。雄性幼鱼对现实视而不见，并没有严肃地接受挑战。他们没能对所发生的事情的深层含义作出正确评价。实际上，面前的现实对他们来说似乎太不真实。首先，这样生产出的食物是低劣的，雄性幼鱼怀疑会有谁想吃。因此，雄性幼鱼摆脱不了他们目前的观点，所以他们不能真正理解其姐妹的困境。

雌性幼鱼

雌性幼鱼正歇斯底里地发作，因为对她们来说那是生存问题。她们知道接下来会发生什么，但即使她们叙述了整件事的来龙去脉，雄性幼鱼也没有领会危机的严重程度。雌性幼鱼当然就不耐烦了。由于雄性幼鱼的迟钝，她们无法控制好她们的情绪。她们尽力合理地解释每一步过程，但由于雄性幼鱼思想封闭，她们无法让他们跳出窠臼看问题。她们清楚地解释了两性的不同，但激素和抗生素的现实对那些雄鱼似乎太夸张了。雄鱼觉得最好的办法就是干脆不相信会有这样的事情发生。因为缺少理解，被描述为“只要雄性”的养鱼方式作为市场标准将继续下去。

思维拓展

Systems: Making the Connections

过度捕捞和需求增加，导致鱼类养殖以努力供应所需要的蛋白质为目标。但今天的鱼类养殖不是我们想象的健康食品生产。几乎所有大规模养殖的鱼都有变化。对雌鱼进行性转换是雄性激素进入我们食物的主要源头。但在小池塘精养中（例如罗非鱼），水深仅 80 厘米，所以需要充氧和加抗生素。溶氧给鱼提供氧气，抗生素保证鱼不生病。但那么多的抗生素进入了我们的食物链，被我们所摄取。抗生素随着食物逐渐进入我们的身体，减弱了我们的免疫系统所提供的天然防病能力。从这些养殖鱼塘流出的废水是有毒的，带有激素和抗生素，需要在排放给野生生物饮用前进行净化，但几乎从来没有人这样做过。养鱼用的饲料有的来自其他食物加工工业的废物或鱼的排泄物，所以我们见到的是退化的循环。这样的循环可能有经济意义，但从健康角度看是不能接受的。无论如何，假如在吃鱼前我们从不检查鱼的性别，那么，我们的行为就像池塘里的雄性幼鱼，不会去注意雌鱼受到了什么样的处理。

动手能力

Capacity to Implement

看一下本地超市的冷冻鱼，问一下这些鱼是否是养殖的。看鱼的颜色是否为自然的白色。问一下销售人员能否识别雌雄。像一位秘密记者那样去行动，询问把经激素处理（性反转处理）的产品卖给消费者的可行性。问一下你家的朋友，他们对吃的鱼是经激素和抗生素处理的有什么想法。问一下你的邻居，把一条非洲的鱼在亚洲进行遗传改良是否是解决世界饥荒问题的理想方法。走出去问几个问题，你就能迅速形成对我们所面临的挑战的看法。

艺 术
Arts

我们如何识别、表达雄性与雌性，女士和先生的不同？让我们想一想能用来区分雌雄的所有艺术形象。

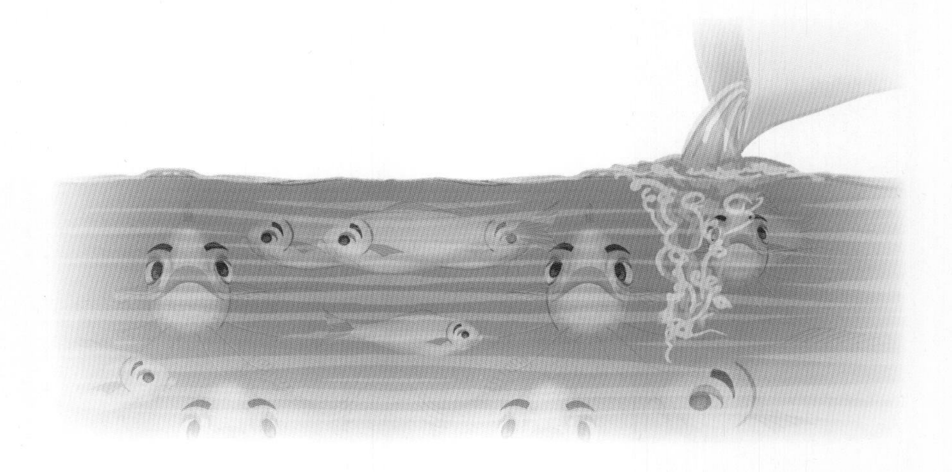

译者的话
Words of Translator

鱼类生命始于受精卵。卵生长发育，孵化成小鱼，称为鱼苗。鱼苗孵化后成为幼鱼，也叫鱼种。在鱼种阶段，才能分辨雄鱼和雌鱼。同一种类的鱼，雄鱼和雌鱼的生长速度是不一样的。比如罗非鱼，雄鱼比雌鱼长得快、规格整齐，但雌性的虹鳟和三文鱼一般比雄鱼长得快。为了加快鱼的繁殖，人们开始用各种方法（如添加激素和抗生素等）控制鱼的性别。这就是这个故事希望我们去思考的问题。

故事灵感来自 陈绍礼 George Chan

陈绍礼于 1924 年出生在印度洋毛里求斯岛上。他是毛里求斯的一名工程师、教授和环境工程顾问。第二次世界大战时，他曾在非洲的英国陆军服役。他为美国环保部工作过，曾在伦敦帝国学院接受卫生工程师的培训。他在 59 岁时从美国环保部退休，回到祖先的故土中国。在中国，他研究了五年综合生物系统，65 岁时开始第三次职业生涯。

从 1994 年起，他一直在世界上推广综合生物系统。该系统把农业废弃物变为沼气能源、食物和肥料，特别适宜在热带和亚热带条件下实施。这一系统提供了便宜的环境服务，让农民以最小的代价获得最大生产率，又不损害环境。

陈绍礼是设计综合生物系统的专家，在加入零排放研究创新基金会的“实干科学家”项目前已实践了 8 年。他指导了纳米比亚、非洲、哥伦比亚、巴西、拉丁美洲、斐济和南太平洋研究项目的设计和建设。现在他把综合生物系统发展为综合农业和废物管理系统 （IFWMS） 。

陈绍礼教授在斐济设计并实施了“学会在系统中生活”项目，把一个学校变成鱼、肉、能源生产的中心。他为纳米比亚啤酒厂设计了第一个综合生物系统。现在他是美国零排放研究创新基金会野外项目、欧洲和拉丁美洲教育计划的主任。

出版物

* CHAN, G. Biomass Integrated Systems.

网页

* http://www.scizerinm.org
* http://www.emissionizero.net/george_chan_in_italia_-_giugno_2004.html

图书在版编目（CIP）数据

只要雄鱼 /（比）鲍利著 ；李康民译．-- 上海 ：
学林出版社，2014.4
（冈特生态童书）
ISBN 978-7-5486-0654-3

Ⅰ．①只… Ⅱ．①鲍… ②李… Ⅲ．①生态环境－
环境保护－儿童读物 Ⅳ．① X171.1-49

中国版本图书馆 CIP 数据核字 (2014) 第 020978 号

冈特生态童书
只要雄鱼

作　　者—— 冈特·鲍利
译　　者—— 李康民
策　　划—— 匡志强
责任编辑—— 李西曦
装帧设计—— 魏　来
出　　版—— 上海世纪出版股份有限公司学林出版社
（上海钦州南路 81 号 3 楼）
电话：64515005 传真：64515005
发　　行—— 上海世纪出版股份有限公司发行中心
（上海福建中路 193 号 网址：www.ewen.cc）
印　　刷—— 上海图宇印刷有限公司
开　　本—— 710×1020　1/16
印　　张—— 2
字　　数—— 5 万
版　　次—— 2014 年 4 月第 1 版
2014 年 6 月第 2 次印刷
书　　号—— ISBN 978-7-5486-0654-3/G·218
定　　价—— 10.00 元